馆长爸爸和小达尔文科学探险队

馆长，睿智博学的古动物馆馆长，醉心于科研，经常带领小科学探险队去野外考察，科学探险队队员都亲切地喊他"馆长爸爸"。

尹五朵，科学探险队年龄最小的队员，陶旦的表妹，时常会问一些可爱的问题，特别羡慕馆长爸爸的科研工作，希望自己长大了也能揭开化石的神秘面纱。

俞果，科学探险队核心成员，全队的智慧担当，不过有时候会迷信书本上的知识。

王可儿，科学探险队里最受欢迎的知心姐姐，懂得照顾他人，学习也很细致用心。

陶旦，科学探险队的搞笑担当，淘气的乐天派，对俞果自认为老大的做法深不以为意，拥有莫名其妙的好运气。

呼噜噜，馆长家的猫，好奇心重，常常会闯下让人哭笑不得的祸。

中国古动物馆
儿童百科绘本

不可思议的远古生物

探秘古鱼王国

张平 著　楚楚 绘

 广西科学技术出版社

图书在版编目（CIP）数据

探秘古鱼王国 / 张平著；楚楚绘. —南宁：广西科学技术出版社，2020.8
（不可思议的远古生物）
ISBN 978-7-5551-1302-7

Ⅰ.①探… Ⅱ.①张… ②楚… Ⅲ.①古动物—鱼纲—儿童读物 Ⅳ.①Q915.862-49

中国版本图书馆CIP数据核字（2020）第117209号

TANMI GUYU WANGGUO

探秘古鱼王国

张平 著　　　楚楚 绘

策划编辑：蒋　伟　王滟明　付迎亚		责任编辑：蒋　伟	
责任审读：张桂宜		责任校对：张思雯	
责任印制：高定军		营销编辑：芦　岩　曹红宝	
书籍装帧：于　是		内文排版：孙晓波	
封面设计：嫁衣工舍			

出 版 人：卢培钊　　　　　　　　　　　　出版发行：广西科学技术出版社
社　　址：广西南宁市东葛路66号　　　　　邮政编码：530023
电　　话：010-58263266-804（北京）　　　0771-5845660（南宁）
传　　真：0771-5878485（南宁）
网　　址：http://www.ygxm.cn　　　　　　　在线阅读：http://www.ygxm.cn
经　　销：全国各地新华书店
印　　刷：北京尚唐印刷包装有限公司　　　　邮政编码：101399
地　　址：北京市顺义区牛栏山镇腾仁路11号
开　　本：889mm×1194mm　1/12
印　　张：5　　　　　　　　　　　　　　　字　　数：30千字
版　　次：2020年8月第1版　　　　　　　　印　　次：2020年8月第1次印刷
书　　号：ISBN 978-7-5551-1302-7
定　　价：88.00元

科学顾问

卢　静　中国科学院古脊椎动物与古人类研究所副研究员，博士。主要研究方向为古鱼类，获国家自然科学奖二等奖、"十大地质科技进展"等荣誉，参与撰写《十万个为什么》（古鱼类），用抖音号"玩骨头的卢老师"传播古生物学知识，受到大量粉丝的关注和喜爱。

盖志琨　中国科学院古脊椎动物与古人类研究所副研究员。2006—2011 年，获英国多萝西·霍特金博士奖学金（DHPAS），在布里斯托大学攻读博士学位，师从英国皇家科学院院士 Philip C. J. Donoghue，主要从事早期脊椎动物演化研究，研究成果先后入选英、美经典教科书。2015 年入选国家"万人计划"，2014 年荣获中国科学院卢嘉锡青年人才奖，2011 年获北美古脊椎动物学会（SVP）颁发的发展中国家青年科学家奖。

吴飞翔　中国科学院古脊椎动物与古人类研究所副研究员，地层与古生物学博士。研究方向为中、新生代古鱼类学。多次领队进入西藏高海拔地区科考，发表 SCI 论文 20 余篇，发表多篇科普文章，著有《证据：90 载化石传奇》，策划《雪山下的远古世界：青藏高原古生物科考成果展》，主导制作纪录片《演化千万载，生命逐山高——青藏高原古生物科考纪》。精于手绘古生物科学复原图，风格独特，广受好评。

王　原　中国古动物馆馆长，中国科学院古脊椎动物与古人类研究所研究员，博士生导师。主要从事古两栖爬行动物研究与地质古生物学科普工作，曾获国家自然科学奖、全国创新争先奖、中国科学院杰出科技成就奖和多项国家级图书奖励。著有《中国古脊椎动物志》（两栖类）、《热河生物群》《征程：从鱼到人的生命之旅》等。

追寻了不起的生命

生命是大自然中最为神奇的存在。躯体不过是由常见的物质组成的，却有知觉、能行动，沧海桑田，经历着悲欢离合。个体在历史中转瞬即逝，生命却能在漫长的时光中延绵不绝。生命的功能数之不尽，却日用而不知。几乎每一个小朋友都问过这样的问题：我从哪里来？这似乎是我们对生命最初的直觉。

生命从哪里来？人们思索了上千年，时至今日，这个谜题仍然无法被破解。从开天辟地、抟土造人的神话传说，到达尔文的《物种起源》，再到现代的遗传学、分子生物学、基因技术等，人们做出了种种探索，可我们所做的仍然不过是在一步步的回溯中逐渐接近那个终极谜题的答案。

追溯生命的起源与过程，最好的依据无疑是化石。中国古动物馆收藏着许多世界罕见的化石，吸引着全球各地的学者前来观察、研究。世界上的第一条鱼海口鱼，亚洲最大的恐龙马门溪龙，被写进小学语文课本的黄河象以及带羽毛的恐龙，十分珍贵罕见的活化石拉蒂迈鱼……许多摆在角落的小化石，背后是足以书写一本厚厚著作的生命故事。

提到史前生物，孩子们首先想到的往往是霸王龙、侏罗纪公园。很少有人能第一时间想到中国是发现恐龙化石种类最多的国家，也很少能想到澄江生物群为研究古生物和地质学上的一大"悬案"——寒武纪生命大爆发提供了多少宝贵的资料。

这种状况与国外在科普方面投入的精力不无相关，相关的作品层出不穷，使公众产生了优秀的科研成果集中在国外的感觉。事实上，中国地大物博，境内史前生物的物种丰富程度在世界上首屈一指，在研究古生物方面拥有得天独厚的优势。再加上专业人才越来越多，国内关于古生物的研究成果在世界上往往会引起轰动。早在 30 多年前，张弥曼院士对杨氏鱼的研究就改变了国际上对四足动物起源的看法；今天，中国的一流研究队伍依然经常在世界顶级的学术刊物上发表诸多前沿成果。可惜由于国内在大众科普传播方面仍然有所欠缺，这些专业的成果并没有为人所熟知。这种感觉，如同坐拥宝山而两手空空，不免令人扼腕叹息。

恰在此时，广西科学技术出版社联合中国古动物馆，推出了一套关于中国史前动物演化的少儿科普绘本《不可思议的远古生物》丛书。这套绘制精美、知识扎实的科学绘本依托收藏国内宝贵化石的中国古动物馆和中国科学院古脊椎动物与古人类研究所的一流专家，从中国独有的古鱼、海生爬行动物、恐龙、古鸟、史前哺乳动物的演化历程入手，在每个类别中精心挑选了15—18种最有代表性的动物，以馆长与5名性格各异的小伙伴（其中还有一只闯祸精小猫）的冒险经历为线索，将生命起源与演化的故事娓娓道来，同时介绍生命演化中跨世纪的大事件，为青少年读者展示一个又一个波澜壮阔的生命故事。

在海中漫游的"世界第一鱼"海口鱼；踏上陆地的"冒险家"提克塔利克鱼；放弃浅海、在暗无天日的深海中偏安一隅，却因此逃过了灭绝命运的拉蒂迈鱼；从陆地回归海洋的鱼龙；冲上天空的翼龙与孔子鸟……这些曾经在地球上奋力挣扎生存的生命，有些只留下了些微印痕，有些到现在还在我们的血脉中延续。这些生命留下的痕迹你都可以在中国古动物馆中亲眼看到。相信看过这些故事之后，冰冷的化石在小朋友的心中必将鲜活起来。

这套文字优美的手绘科普书虽不是皇皇巨著，但它背后的专家队伍比起那些大部头却不遑多让。来自中国古动物馆的馆长王原、副馆长张平等，都有着多年的科研科普与野外考察经历，他们在繁忙的工作中，将多年来的深厚积淀都凝聚到了这套专为中国儿童写作的科普书中。而来自中国科学院古脊椎动物与古人类研究所的朱敏研究员等，都是国际上赫赫有名的古鱼类研究专家，他们对保证这套书的知识正确、故事流畅提供了极大的帮助，将学术论文中艰深晦涩的名词，翻译成了孩子可以看懂的故事与对话。

《不可思议的远古生物》绘本丛书的内容、文字、画面都追求尽善尽美，我相信，在给孩子们讲解中国古动物演化史的所有书籍中，这套书将因其丰富、权威、有趣而赢得孩子们的认可，并帮助孩子们重新理解生命和科学。

中国科学院院士
国际古生物协会主席

写给对古动物好奇的小朋友

　　中国古动物馆是一座非常受小朋友欢迎的博物馆。每到周末和假期，展厅里总是挤满了好奇求知的孩子。1998 年，博物馆针对儿童和青少年创办了"小达尔文俱乐部"，组织的各种科普活动也最受孩子们的欢迎。作为中国古生物学会的科普教育基地，我们已经组织撰写了多部面向大众的介绍博物馆藏品和古生物研究成果的图书，但始终没有一部专门送给小朋友们的科普书，这不能不说是一个遗憾。

　　《不可思议的远古生物》绘本丛书的出版弥补了我们这个缺憾。尽管馆里经常组织各种有趣又长知识的科普活动，但我始终认为，书籍的作用无可替代。为了使写给孩子们的首套科普绘本尽善尽美，我们尽可能调动馆里可用的资源，并安排众多同仁加入绘本的创作中；在知识点的取舍上，我们反复推敲，并努力将国内外古生物学最新的研究成果浓缩进来；在绘本故事的创作上，馆中的年轻同仁们从小读者角度出发，提供了无限的创意；出版社的各位编辑老师的细致工作也让这本书能够以较高的质量出版；我们还邀请中国科学院古脊椎动物与古人类研究所的专家同仁一次次地审读，作为我们最坚强的学术后盾。在此，我对所有的创作参与者和支持者表示衷心的感谢！

　　脊椎动物的演化是一件神奇的事情。在 5 亿多年的时光中，各种不可思议的动物登上历史的舞台。它们演化出的器官和组织有些已经湮灭在历史的烟尘中，有些则至今仍在地球生物中发挥着重要的作用。谁能想象得到，对人类至关重要的脊椎骨是从一条拇指大小的小鱼身上演化而来的呢？在动辄数十米长的史前动物面前，现在的大象和长颈鹿都显得渺小。在这套图文并茂的科普绘本中，小朋友们可以一睹形形色色的史前生物的真容，了解我们身上的重要生物结构是从何而来的。

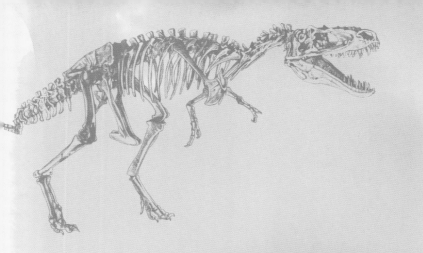

　　为了使小读者对脊椎动物的演化有一个更加整体、更加系统的认识，我们按照脊椎动物的分类和演化顺序，将这套绘本分成鱼类、两栖类、爬行类、鸟类、哺乳类5个分册，每个分册中介绍对应类别中最有代表性的十几种古动物——螺旋形牙齿的旋齿鲨、统治海洋的鱼龙、长脖子的马门溪龙、冰河时代的猛犸，都将出现在这套精美的绘本中。而在每册书的末尾，还加入了关于生物演化顺序和重点物种的知识图谱，以及可以和小伙伴一起玩上一局的"演化飞行棋"。我们希望整本书的内容既能让小读者们感到内容丰富，又觉得生动有趣。

　　我希望，这套书呈现给孩子们的，不仅有严谨的知识，还有精彩的故事、科学研究的艰辛与乐趣，以及科学家们的不凡魅力。如果这套书还可以唤起小读者们对生命的珍惜、对古生物学的兴趣，并点燃对科学探索的热情，未来能更多地投身到科学研究中，那么这套书的出版也就超额实现了我们的初衷。

　　如果你觉得书里讲的故事不清楚，或者不好玩，请告诉我们，我们将在以后进一步完善。

中国古动物馆馆长
中国科学院古脊椎动物与古人类研究所研究员

好的，我们今年的暑期探险计划就是去寻找拉蒂迈鱼，它可以说是鱼类中的"活化石"。我们先做好功课，下周就出发。

馆长爸爸，这种鱼现在还活着是吗？您带我们去看看吧！

来自非洲的珍贵礼物

中国古动物馆里的这条拉蒂迈鱼标本是国内保存最完好的拉蒂迈鱼标本，它是非洲科摩罗政府赠送给中国科学院的礼物。作为回礼，我们国家送给了他们许多现代化农业机械，比如拖拉机等。

拉蒂迈鱼的名字来源于拉蒂迈小姐，她在这种鱼的发现过程中做出了重要贡献。拉蒂迈鱼被称作"活化石"，因为拉蒂迈鱼和已经灭绝的空棘（jí）鱼类中的个体长得几乎一样。科学家们原以为拉蒂迈鱼在6600万年前的白垩纪晚期就已经灭绝了！

拉蒂迈鱼有8个鱼鳍，除了背上靠近头部的那个鳍，其他7个鳍看起来都很强壮，长满了肌肉，它们是肉质鳍。

拉蒂迈小姐

它们吃什么呢？

矛尾鱼

拉蒂迈鱼是空棘鱼，它的尾鳍有一根突出的中轴骨，看起来像一支长矛的矛尖，所以它有一个别名，叫"矛尾鱼"。

我看资料上说它们吃乌贼和鱼类，是很凶猛的捕食者。

我们已经下潜到海下 400 米了，海下 200—400 米就是拉蒂迈鱼栖息的深度。大家注意看哟！

"大家快看，前面的就是拉蒂迈鱼！"向导叔叔兴奋地喊道。当潜水艇下潜到 400 米深度的时候，拉蒂迈鱼终于露出了身影。

脊椎动物的演化

爬行动物

哺乳动物

人类

两栖动物

鸟类

鱼形动物

上面这些动物都属于脊椎动物，而最古老的脊椎就是在鱼类中演化出来的。

9

第二背鳍

尾鳍

第一背鳍

臀鳍

腹鳍

胸鳍

第一次看到活着的拉蒂迈鱼，我们都兴奋地叫了起来："哇！这就是'活化石'呀！"谁知这时，淘气的呼噜噜趁我们不注意，一跃跳上了操作台，猫爪落在了红色按钮上。只见两条机械臂伸了出去，迅速地夹住了拉蒂迈鱼。

我还知道，拉蒂迈鱼的8个鱼鳍分别是2个背鳍，1对胸鳍，1对腹鳍，1个臀鳍和1个尾鳍。

啊！

呼噜噜，不能随便碰按钮！糟了，传说要变成现实了！

拉蒂迈鱼是一种古老的鱼类，早在4亿年前就出现了。人们一直以为拉蒂迈鱼早就已经和恐龙一样灭绝了。但它们其实一直藏在平静的深海里，躲过了一次次灾难，成为人们回顾历史的"活化石"。

向导赶紧关闭程序，但已经来不及了。只见拉蒂迈鱼猛地摇动尾巴，掀起了一个巨大的旋涡，把潜水艇吸了进去。

肉鳍鱼类

在志留纪晚期，硬骨鱼类演化出肉鳍鱼类和辐鳍鱼类。肉鳍鱼和我们常见的鱼不太一样，它们身体上左右对称的鱼鳍是肉质的，鱼鳍的肌肉里还包裹着骨骼。这种鱼鳍最终演化成了在陆地上生活的动物的四肢。

桡(ráo)骨　肱(gōng)骨　尺骨　股骨　胫(jìng)骨　腓(féi)骨　腕骨　跗(fū)骨　辐鳍骨　鳍条

肉质鳍里面的骨骼

小心！

呼噜噜跑了，快抓住它！

肉质鳍

小朋友们吃鱼时一定注意到过：鱼鳍上一般是没有什么肉的。但是拉蒂迈鱼的鱼鳍（除第一背鳍外）却像鸡腿一样，有发达的肌肉，里面还有骨头。

11

一阵天旋地转，潜水艇浮出水面，我们走出船舱，发现自己到了一个神秘小岛上。向导叔叔松了一口气，向我们解释："这个岛叫神奇岛，发生过许多神奇的事情。拉蒂迈鱼有个传说，如果谁触碰到了它，就会变成鱼身！"

大家赶紧摸了摸自己的身体，长出一口气："幸好！只是传说而已。"这时却传来可儿的大叫："呼——噜——噜？"我们的目光都被吸引了过去：呀，哪儿来一个猫脸鱼身的小怪兽！

向导叔叔为难地说："传说中触碰过拉蒂迈鱼的人要寻找到果实里所有的古鱼，才能恢复原样。猫，应该也行吧？"

唉，原来传说是真的。

向导叔叔，您快讲讲那个传说吧。

古老传说

拉蒂迈鱼是古老的鱼类，传说中谁要抓到它，就会变成小怪兽。如果想恢复原来的样子，树上的果实里面有古老鱼类的信息，它会为你们指引方向。

"不用怕，潜水艇上有最新研发的时空穿梭装备——'鲛（jiāo）珠号'，鲛珠号上配备有先进的追踪球，它能采集到大量数据进行跟踪、定位、

人类的远祖

4亿年前的海洋里曾经生活着五大鱼类家族：无颌（hé）类、盾皮鱼类、棘鱼类、软骨鱼类和硬骨鱼类。其中无颌类、软骨鱼类和硬骨鱼类一直生活到了今天，盾皮鱼类和棘鱼类已经灭绝了。

肉鳍鱼属于硬骨鱼类。在志留纪晚期的地层中，人们就发现了肉鳍鱼类的化石。这种鱼演化出了四大类：爪齿鱼类、空棘鱼类、肺鱼形类和四足形类。后3个类群现在仍然生活在地球上。我们人类就属于四足动物，所以，肉鳍鱼类可以说是我们人类的远祖。

传输，还能复原图像，是最先进的高科技产品。大家都带上它，我们一起去寻找，现在就出发。"
　　馆长爸爸在鲛珠号上输入指令。真让人不敢相信，我们要动身前往大约5.3亿年前寒武纪时期的远古海洋了。这可比去南非远多了！

约 5.3 亿年前的寒武纪，各种各样的动物迅速出现，从最简单的海绵动物到复杂的脊索动物，集中演化出了许多新种类。这个大事件，被称为"寒武纪生命大爆发"。

别看这些小鱼不起眼，它们可是地球上最早出现的鱼，生活在 5.3 亿年前，也是地球上最古老的脊椎动物。

奇虾

曾经的 海洋霸主

寒武纪海洋里的霸主是谁？当然是奇虾！有许多不同种类的奇虾，其中一些种类可以长到 2 米多长，是大型捕食动物。

海口鱼 3 厘米

奇虾 2 米

不知过了多久，神秘的海洋深处出现了庞大而古怪的奇虾、奇形怪状的古虫、随波漂荡的海绵……我们已经到达了史前海洋生物的乐园！

细心的可儿低头一看，海底沙面上有一只只拇指大小的小动物，她奇怪地问道："这是什么动物？"顺着方向看过去，馆长爸爸的眼睛突然睁得老大："这就是迄今为止，人类所知道的最早的类脊椎动物——海口鱼！"

那是奇虾，个头有拉蒂迈鱼那么大！听说它可不是吃素的，快跑！

观察完海口鱼，俞果的追踪球发出指令，下一站是去寻找生活在 4.3 亿年前志留纪时期的曙鱼。馆长爸爸输入指令，鲛珠号带着大家来到一片静静的海底。

可儿第一个找到了海口鱼，俞果也不甘示弱，在海洋深处仔细寻找，终于有了发现："我也找到了一条小小鱼。瞧，它的头只有指甲大小！"馆长爸爸定睛一看："这是……浙江曙鱼。别小瞧它，它可是和始祖鸟一样，是生命演化中至关重要的一环！"

浙江曙鱼眼睛中间的是嘴巴吗？好大呀！

曙鱼

浙江曙鱼的鼻孔和嘴巴

鼻孔

嘴巴

那个不是嘴巴，是鼻孔。你们看，身体下面的那条裂缝才是嘴巴。

16

颌：变被动为主动

浙江曙鱼靠吸进海水，过滤水中的颗粒食物生活。它没有上下颌，主动捕食的能力较弱。而有颌类生物可以用灵活的上下颌主动捕食。

颌的曙光

浙江曙鱼刚被发现时，被科学家命名为中华盔甲鱼。直到 25 年后重新研究它，人们才有了一项重要发现：虽然属于无颌类，但这种鱼的结构更接近有颌类。更重要的是，它的头骨结构为演化出颌提供了关键的基础，这也解决了一个一直困扰着科学家的问题：鱼的颌是什么时候出现的？

无颌类就是没有上下颌的鱼类。曙鱼的脑颅结构已经向有颌类动物演化了，可以说是"为有颌类的起源带来了曙光"，因此被命名为曙鱼。但曙鱼本身还没有演化出颌，它是无颌类。

这么小的鱼，它们吃什么呀？

这么小，要发现它们的化石真是不容易！

水中吸血鬼

成年中生鳗一般寄生在其他鱼身上，用圆盘一样的口器吸食寄主的血肉，所以被称为"水中吸血鬼"。

没有颌的鱼

七鳃鳗和盲鳗是现存仅有的没有颌的鱼，它们非常、非常原始。

被中生鳗吸附的鱼，会很快死去吗？它就这么一动不动地吸血，太可怕了！

无颌脊椎动物

在真正的颌出现之前，无颌脊椎动物的嘴巴都近似圆形的兜子，靠过滤海水和吸血寄生的方式生存。

生命周期

现代七鳃鳗的生命周期分为3个阶段：幼体期、变态期和成体期。幼年的七鳃鳗和成年七鳃鳗看起来很不一样。幼年的七鳃鳗滤食水中的动植物碎屑，变态期时它们不吃不喝，成年的七鳃鳗则通过寄生吸食血肉。

不久，可儿的追踪球又发出了新的指令，锁定追踪中生鳗。我们调整好了装备，到达了1.4亿年前的白垩纪。恐龙迷陶旦兴奋道："白垩纪不就是最大的恐龙出现的时期吗？""是的，"馆长爸爸告诉大家，"我们要找的，可是恐龙时代的'水中吸血鬼'——孟氏中生鳗。"

没多久，科学探险队队员们果然就看到了几条孟氏中生鳗。

颌的出现

初始全颌鱼属于盾皮鱼类，这个家族在泥盆纪末期就灭绝了。全颌鱼的名字，来源于它有一套完整的上下颌骨（包括上颌的前颌骨和上颌骨，以及下颌骨）。又因为它的颌骨结构是地球上已知最早的，因此被称为"初始"。有报道夸张地说：拥有"人脸"的鱼类祖先终于找到了。

俞果的笔记

我看到了无颌类的曙鱼和七鳃鳗，曙鱼内部仿佛已经出现了颌。又看到了全颌鱼，颌正式出现在脊椎动物身上。作为高级有颌类脊椎动物，我感觉自己的下巴棒极了！

演化出颌可是开天辟地的大事件。没有颌，我们就不能嚼东西了，也不能说话。有了颌，动物才能更主动地捕食，而不需要像无颌动物那样靠滤食生活了。

那就是下颌骨了。

可儿快速地查询到下一站锁定的目标是初始全颌鱼，我们迅速地返回志留纪时期，馆长爸爸让鲛珠号释放出闪闪发光的能量，这下，我们能清楚地看到全颌鱼正在捕食。

牙形动物生活在大约5亿年前的寒武纪到2亿多年前的三叠纪末期，它们的化石被称为牙形刺。

初始全颌鱼

那些小蝌蚪一样的动物就是牙形动物，游得真快。

看，它们在用颌主动捕食，比中生鳗凶猛多了。

全颌鱼前半身包裹在大块骨片拼成的铠甲中，一想到我们人类的颌骨构造，可能就要追溯到这位"鱼类老祖宗"身上，我们就忍不住深深惊叹起来。

真不敢相信，我见到了全颌鱼真身！

咬合力

邓氏鱼的咬合力惊人，平均每平方厘米产生的压力能达到5600千克，可以轻易地把任何猎物一口咬断。邓氏鱼的嘴巴还具有强劲的吸力，能在瞬间张开大嘴，把猎物吸进嘴里。科学家在复原它时，一定是感受到了它的恐怖，所以曾经给它取了一个威风的名字"恐鱼"，并把它归到恐鱼科。

邓氏鱼的颌骨非常强壮。你们看，那些锯齿一样的白色骨板，能像牙齿一样撕裂猎物。邓氏鱼身上有很厚的盔甲，虽然非常强大，但是行动不够快，跟海里更矫健的捕食者相比，这可是个大缺点，也是它最终在泥盆纪末期灭绝的原因之一。

我还以为那些是牙齿，真锋利！

探险队队员们终于可以喘口气了，大家通过无线对讲器交流着感受。突然，一条10米长的大鱼张着血盆大口扑向一条鲨鱼，那是邓氏鱼，泥盆纪海洋里的顶级杀手。

邓氏鱼

裂口鲨

22

棘鱼类因为背鳍、胸鳍、腹鳍和臀鳍的前端长有硬棘而得名。棘鱼类是有颌鱼类一个较小的群体，它们与硬骨鱼类相似，又兼有软骨鱼的特征。

"我的追踪球发现目标啦！下一站锁定的是栅（shān）鱼。"陶旦迫不及待地说。我们的下一个目的地是 4.38 亿年前志留纪的海洋，也就是长下巴的全颌鱼生活的时代，看来志留纪时期有颌类发展壮大起来了！大家打开鲛珠号的放大器，前方游来了一条条身上长满刺的大鱼。

栅鱼

我知道，那叫歪尾型鱼鳍。

栅鱼的尾巴是歪歪的呀！

志留纪的珊瑚数量和属种就已经很多了，而鹦鹉螺数量相比于奥陶纪减少了。

24

看那2个背鳍，真威武。

这条鱼好奇怪，身上到处都有突出的棘刺。

这是栅鱼，早期的原始棘鱼类。它有2个背鳍，胸鳍和腹鳍之间还有中间鳍棘，这些鳍棘沿着肚子成排排列。不过这种鱼已经灭绝了。

栅鱼的结构

栅鱼是一种典型的棘鱼，它有这些基本特征。

鳃裂　背鳍　侧线

鳍板　胸鳍　中间鳍棘

胸板　腹鳍棘　臀鳍棘

　　科学探险队的小伙伴们心脏都强壮了不少，仔细一看，这种鱼背上有2个尖尖的背鳍，肚子上还长着2排利刺般的棘。

　　"这就是栅鱼，它是棘鱼类的典型代表。"馆长爸爸说道。

关于棘鱼的争议

很长时间以来，学术界对棘鱼类的系统分类位置都有争议。这需要科学家发现更多这类鱼的化石，进行深入研究，解开它在演化过程中的种种谜团。

25

珠峰上的化石

许多中华旋齿鲨的化石是在珠穆朗玛峰上发现的，可以推测，2亿多年前这里是一片汪洋大海。有趣的是，因为旋齿鲨的牙齿化石是螺旋状的，当地人很容易把它当作菊石化石。

它的牙齿不会伤到自己吗？

成谜团的牙齿

旋齿鲨的牙齿到底长在哪里呢？很长一段时间，科学家都拿不准：是长在背鳍上，长在尾鳍上，长在吻部，还是长在嘴里？各种关于旋齿鲨牙齿的猜想被提了出来。

旋齿鲨进食猜想图

卡住硬壳

螺旋形的牙齿

拉出软体部分

呼噜噜，你冷静点，鲛珠号会保护我们的。

旋齿鲨是软骨鱼类，所以它们的骨骼很难保存成化石，只有牙齿保存了下来。不过，中国古动物馆里的一种软骨鱼——东生甘肃鲨却保留下了全身骨骼的印痕。希望将来可以发现更多软骨鱼类的化石。

"孩子们，我们的下一个目标是——中华旋齿鲨。"馆长爸爸再次"友情提醒"。当看到这只早已绝灭的神奇生物时，所有人张大的嘴怎么也合不拢。因为和邓氏鱼的那两排锋利的骨板完全不同，旋齿鲨长着好多锯齿一样的利牙。瞧，它正张着大嘴，长在下颌正中的螺旋状牙齿几乎占据了整个下颌。这种锯齿一样的齿旋，真是鱼类中的独一份。

我看到有资料说，旋齿鲨吃东西时，是用上下颌卡住猎物的硬壳，用牙齿把硬壳里的肉剔出来。

原来软骨鱼的骨架都是由软骨组成的！

软骨鱼

现生的软骨鱼只有1000多种，比如鲨鱼、鳐鱼和银鲛。

鲨鱼

鳐鱼

银鲛

辐鳍鱼类

辐鳍鱼类属于硬骨鱼，它们的鱼鳍是辐射状排列的。辐鳍鱼在 4 亿年前就出现了，是现在地球上种类最多的脊椎动物，有 3 万多种。

罗平生物群

经历了二叠纪末期的生物大灭绝后，地球上的生命在漫长的时光中慢慢复苏。在云南省罗平县，发现了三叠纪典型海洋生态系统的生物群，被称为罗平生物群。这里发现了丰富的海生爬行类以及鱼类、节肢动物、双壳类、腹足类、棘皮动物、菊石、植物等化石。

软骨硬鳞鱼

软骨硬鳞鱼是辐鳍鱼类的原始类型，它们的内骨骼多是软骨，身上一般有厚重的菱形鳞片。现生的软骨硬鳞鱼代表有鲟鱼。

硬骨鱼类

硬骨鱼类是有颌类演化最成功的一类，后来演化出了辐鳍鱼与肉鳍鱼两大类。硬骨鱼的特点是骨骼高度硬化。

快看，是披刺龙鱼。这是一种新的鱼类了——辐鳍鱼类。看它的鱼鳍，是不是像车轮那样，是从中间向外辐射的？

离开奇妙的旋齿鲨，可儿的追踪球又锁定了新目标披刺龙鱼。

这就是龙鱼？它和学校里养的金龙鱼可不太像。

披剌龙鱼

来到三叠纪早期的海底，我们环顾四周，低头才发现几条 10 厘米左右，长着长长的尖嘴巴，全身披着密密麻麻的细刺的披剌龙鱼正懒洋洋地趴在水底。比起鱼鳍，它那尖尖的嘴巴更加显眼。

可儿恍然大悟："真的呢！这种尖尖的嘴更适合捕食海底的小虾、螃蟹。"

哈哈，它像一只海中的小刺猬。

我猜龙鱼有许多种，所以它们的样子都不大一样。

是龙鱼不是金龙鱼

龙鱼和金龙鱼都属于辐鳍鱼类，但金龙鱼是比龙鱼更进步的真骨鱼类，它们不属于同一个类群。

你知道吗，在广西的沿海现在还时有中华鲎（hòu）出现！它可是重点保护动物。

俞果

蓝血生物

鲎的血液中含有铜离子，所以它的血是蓝色的。它是一种古老的生物，在恐龙还没有崛起的泥盆纪就已经出现在地球上了。现在，它仍然保留着 4 亿多年前的古老样貌，所以有"活化石"之称。

29

现生白鲟

现生的白鲟和刘氏原白鲟很相似，所以白鲟也被称为"活化石"，是中国特产的珍稀动物。但它们也已经濒临灭绝了。

活化石

判定一种现存生物是不是"活化石"，要符合 3 个条件：

1. 现存的生物与某个古老物种在形态上相似或一致；
2. 这种生物所属的家族中在今天仅存 1 种或很少几种；
3. 这种生物现在分布的范围极其有限，仅在一小块区域残存。

熊猫

银杏

啊，是辽宁古果，恐龙时代就开花的植物！

呀！

你们看，它好像恐龙！

凌源潜龙

咦，我好像见过这种鱼，在哪里呢？

离开小小的披刺龙鱼，馆长爸爸的追踪球锁定了新目标——刘氏原白鲟。这次我们要去 1.3 亿年前的白垩纪时期，看目前发现最早的匙吻鲟科鱼类——刘氏原白鲟。

陶旦抢着说道："这家伙和披刺龙鱼一样，都是尖嘴！"果然，刘氏原白鲟嘴巴尖尖的，身子扁平，长着一个大大的背鳍，和现在的白鲟还真有些相似。

是软骨还是硬骨

刘氏原白鲟是软骨硬鳞鱼，可是在分类上却属于硬骨鱼，因为它的骨骼中已经出现了硬骨。

刘氏原白鲟

在博物馆，我们见过一种和它很像的鱼的标本，叫白鲟，是珍贵的"水中大熊猫"。

你们观察得很仔细。刘氏原白鲟就是因为和白鲟的形态很像，但是有些特征又更原始些，所以才叫原白鲟的。至于刘氏嘛，是为了纪念古鱼类学家刘宪亭，他和周家健一起发现了我国第一种鲟类化石。原白鲟是目前发现最早的匙吻鲟科化石。

31

飞鱼是怎么飞起来的

飞鱼的胸鳍异常宽大，是飞行的"主翼"。另外，它们还有一对较大的腹鳍作为"辅翼"。它们的尾鳍分叉很深，而且下叶明显比上叶强壮，所以科学家推测，它们可以在这种尾鳍快速摆动产生的强大推力的帮助下跃出水面，然后借助宽大的胸鳍在空中滑翔。

新鳍鱼类

新鳍鱼类是辐鳍鱼的一个类群，可以分成全骨鱼类和真骨鱼类。

全骨鱼雀鳝

真骨鱼戴氏狼鳍鱼

现在是少年陶旦的奇幻旅行！

真美，真壮观！

我们在贵州兴义市发现了这种鱼的化石，科学家给它取名叫"兴义飞鱼"，它是世界上已知最早"会飞"的鱼。

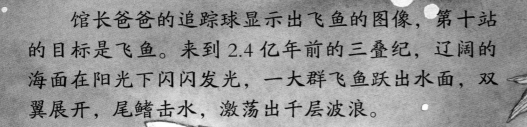

馆长爸爸的追踪球显示出飞鱼的图像，第十站的目标是飞鱼。来到 2.4 亿年前的三叠纪，辽阔的海面在阳光下闪闪发光，一大群飞鱼跃出水面，双翼展开，尾鳍击水，激荡出千层波浪。

飞鱼

我们也会飞啦！

"馆长爸爸，飞鱼是靠什么飞行的呢？"俞果问。"你们仔细观察，飞鱼的'翅膀'——胸鳍其实没有扇动，它依靠又长又宽的胸鳍迎着海风滑翔，依靠尾部拍打海水来跃出水面并获得滑翔的力量。"馆长爸爸回答道。

我曾经听过，飞鱼飞行是为了躲避鳍龙、鱼龙这样的海洋猎手。

现生的飞鱼

现生的飞鱼和史前飞鱼不属于同一类。现代飞鱼速度最高能达到每小时 70 千米，能滑翔 100 米以上。

飞鱼是怎么演化的

科学家推测，飞鱼的演化史是这样的：

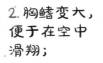

1. 头部特化，可以生活在上层水域；

4. 鳞片退化，体重减轻，帮助滑翔。

2. 胸鳍变大，便于在空中滑翔；

3. 尾鳍下叶加长，帮助弹射出水面；

33

外来物种

雀鳝是主要生活在北美洲的一种凶猛肉食鱼。对我们来说，它属于外来入侵物种，会对我们本地的鱼类造成极大的危害，所以千万不能随便放生。

全骨鱼

全骨鱼也属于辐鳍鱼类。它们的身上披有菱形硬鳞，体内有些软骨骨化，头部结构也发生了变化。全骨鱼在二叠纪晚期开始出现，雀鳝是生活到今天的全骨鱼代表，所以也有人把雀鳝称作"活化石"。

"啊！我的追踪球显示了，这一站是寻找雀鳝。"五朵激动地说。来到一片新的时空，我们眼前出现了几条尖嘴巴、方鳞片的大鱼，正在水草丛中游动。

对，这种菱形鳞片是一种原始的鳞片，许多已经灭绝的远古鱼类有这种鳞片。小心，陶旦！

它的鳞片好独特，不是常见的椭圆形鳞片。

救命！

差点咬到我！

34

"哈哈，我认得这些鱼。"陶旦一点没在意馆长爸爸的叮嘱，得意地笑道，"这是雀鳝，最显著的特点是它们的菱形鳞片。"陶旦正在滔滔不绝地讲着，平静的水里突然起了骚乱：一条雀鳝好像感知到了什么，张大嘴咬了过来，露出像钢针一样的牙齿。幸好俞果眼疾手快，一把将陶旦拉进自己的鲛珠号，才帮他躲过了雀鳝的攻击。

雀鳝

大雀鳝

长吻雀鳝

短吻雀鳝

现在还活着

雀鳝现在仍然生活在地球上，现生的品种主要有长吻雀鳝、短吻雀鳝和大雀鳝。

雀鳝好凶啊！

小心！

孩子们小心，雀鳝很凶猛，会攻击遇见的所有其他鱼类，是"淡水鱼杀手"！

原始真骨鱼

戴氏狼鳍鱼是一种原始的真骨鱼，它是中生代后期（距今约1.3亿年）东亚地区特有的一种鱼类。

真骨鱼类的头骨逐渐从软骨演化为真骨，脊椎骨也已经完全骨化了。它们的尾鳍是上下对称的。

戴氏狼鳍鱼　大概10厘米长的小鱼身体是纺锤形的，头大，头高与体高相近。它们的背部很平，背鳍位置靠后，和臀鳍相对。

金龙鱼的 近亲

虽然戴氏狼鳍鱼和金龙鱼长得不太像，可是它们是近亲，都属于骨舌鱼类。

遭遇了雀鳝的攻击，我们的心情都紧张起来，俞果举着追踪球对大家说："这一站的指令是寻找狼鳍鱼。"馆长爸爸输入新的时空地点，我们来到了白垩纪早期。走出鲛珠号，我们分头行动。淘气的呼噜噜钻进鲛

热河生物群三剑客

距今约1.2亿—1.31亿年前的白垩纪早期，在属于以前热河省的地方生活着繁盛的生物群体，被称为热河生物群。戴氏狼鳍鱼、三尾类蜉蝣和东方叶肢介是这里的代表性生物，被人们戏称为"热河生物群三剑客"。

三尾类蜉蝣

戴氏狼鳍鱼

东方叶肢介

因为是真骨鱼，化石保存得比较完整。

珠号，去捕捉狼鳍鱼；馆长爸爸则拿出一只小盆捞了一些狼鳍鱼，又拿出放大镜仔细地观察起来。

它们挤在一起，像沙丁鱼一样。

出现狼鳍鱼化石的地层可以认为是白垩纪早期的地层。

哈！北京就有热河生物群化石地层，我们课外实践去挖掘过。

哇，捞出了一大盆！

戴氏狼鳍鱼的化石是地层的指向标。

我见过戴氏狼鳍鱼的化石，都是一群群在一起的。

高原 **隆起**

在一样大小的鱼中，伍氏献文鱼肯定是骨骼最粗壮的。

伍氏献文鱼的发现反映了柴达木盆地的干旱化进程。大约5000万年前，由于地球的板块运动，青藏高原隆起，来自印度洋的水汽被阻断，使青藏高原北部的气候持续变干旱，也令柴达木盆地的水分慢慢蒸发，成了盐湖和荒漠。

呼噜噜，真后悔让你单独待在鲛珠号里。

回到鲛珠号，五朵的追踪球"嘀嘀嘀"地响了起来，发出寻找伍氏献文鱼的指令。我们重新回到水里，来到了5000万年前的柴达木盆地。呼噜噜好像发现了什么，异常兴奋，直直地朝湖底游去。

最后的 **守望者**

伍氏献文鱼的祖先的骨头并不粗，为了适应环境，它们才变成了骨骼粗大的模样。和它们同时期的鱼类没能适应环境的变化，更早地灭绝了，伍氏献文鱼是这里最后的守望者。

只见它贴到了一副粗壮的鱼骨头上，伸出舌头就去舔。"你是饿坏了吗？什么都要尝尝。"可儿喊道。只见在混浊的湖底，静静地躺着一副伍氏献文鱼的骨架。

补多了**钙**！

曾经水草丰美的柴达木盆地逐渐变得干旱，水中碳酸钙和硫酸钙的浓度越来越高。伍氏献文鱼每天喝着这样的水，骨骼越来越粗大。

喝牛奶会帮助小朋友长得更高，也是因为牛奶中富含钙元素。

这条鱼全身都是骨头，它看起来都游不动了。

伍氏献文鱼

伍氏献文鱼属于真骨鱼类，它是鱼类适应环境和被环境改造的特例。

随着柴达木盆地干旱化不断加剧，湖水蒸发量不断增大，水中浓缩了高浓度的碳酸钙和硫酸钙，伍氏献文鱼每天喝这样高钙的水，所以骨骼才这么粗壮。

哇！化石真是提供了许多古地理、古环境变化的证据。

在脊椎动物演化史上，因为早期硬骨鱼的化石记录十分稀少，只有鳞片和一些骨骼碎片，研究者很难全面认识硬骨鱼类祖先的特征。随着梦幻鬼鱼化石的初现，很多研究上的疑点开始慢慢露出端倪。

身体类似辐鳍鱼和盾皮鱼

梦幻鬼鱼身体表面那些一片片的骨头更接近辐鳍鱼，背上又有和盾皮鱼相似的棘刺。

头骨类似肉鳍鱼

鬼鱼头骨的结构和肉鳍鱼类尤其是斑鳞鱼很相似。

梦幻鬼鱼

梦幻鬼鱼是最原始的肉鳍鱼类，它几乎拥有所有有颌类生物祖先的特征结构。

鬼鱼，这名字有点吓人。鲛珠号，我们离它远点。

顺利找到了伍氏献文鱼骨架后，五朵的追踪球给大家锁定了这一站的任务：找到梦幻鬼鱼。馆长爸爸立刻输入指令，鲛珠号马上显示出梦幻鬼鱼生活在志留纪时期。五朵一马当先，带大家来到志留纪时期的海里。呼噜噜也钻到了可儿的鲛珠号里。

别怕，它只是学名叫"Guiyu"，和鬼没有什么关系。

那些过去分别出现在有颌类的不同类群中的特征，集中出现在梦幻鬼鱼化石上，它补充了演化图上缺失的那一环。

你们知道吗？在我们云南曲靖发现的梦幻鬼鱼化石，是世界上保存最完整、最古老的硬骨鱼化石，它的全长有30多厘米。

梦幻鬼鱼
是怎么被发现的

2007年，中国科学院古脊椎动物与古人类研究所所长朱敏带领团队在云南曲靖山区发掘出了一块梦幻鬼鱼的下颌化石。第二年，他们又去了这个地方，希望能找到一块梦幻鬼鱼的头骨。没想到，这一次他们竟然发掘到了一整条"梦幻鬼鱼"！在这段有着约4.19亿年历史的岩层中，能找到化石碎片就已经非常幸运了，而这条梦幻鬼鱼的化石除了尾鳍之外，其他部位保存得非常完整。生活在4亿多年前的梦幻鬼鱼就这样被揭开了神秘的面纱。

肉鳍鱼类 "大爆发"

在大约 4 亿年前的泥盆纪早期，肉鳍鱼类开始了爆发式大发展。爪齿鱼类就出现在这个时期。虽然只在泥盆纪存在了约 6000 万年，它们却演化成了那个时代最凶猛的掠食者。

在约 3.7 亿年前的泥盆纪晚期，肉鳍鱼类开始登上陆地，演化出原始的四足动物，这个类群以后将演化出人类。而生活在水中的肉鳍鱼类，现在只有肺鱼类和空棘鱼类留存了下来。

爪齿鱼类

箐（qìng）门齿鱼属于爪齿鱼类。爪齿鱼类和空棘鱼类可以说是亲戚。空棘鱼类刚刚出现不久，它的一个支系就开始向掠食生活的方向发展，渐渐演化成了爪齿鱼类。

箐门齿鱼

这条鱼只有 15 厘米长，为什么这么凶猛呢？

凶猛的鱼可不分大小。

爪齿鱼类是凶猛的掠食鱼，它们的头骨灵活，每个部分都可以扩张。这使得它们能捕食比自己大得多的动物。你们看它那两簇尖牙，它们叫"齿旋"，能像鱼叉一样刺到猎物的身体里，这样猎物就逃不掉了。

"追踪球让我们去找'水中杀手'——箬门齿鱼，咱们加油！"陶旦兴高采烈地说。这时呼噜噜又不安分起来，甩动着尾巴钻到了五朵的鲛珠号里。它真是一个捣蛋鬼！来到泥盆纪早期，馆长爸爸让大家打开放大装置，仔细观察。五朵最先发现了箬门齿鱼。

神秘高效的"杀手"

科学家在箬门齿鱼的化石上发现，它的嘴巴那里有许多骨质的分支小管。有人推测，这与某种特殊感觉器官有关，也许是箬门齿鱼捕猎时屡屡得手的原因之一。

它的牙齿好特别呀！

"水中杀手"的称号可不是空穴来风。

箬门齿鱼的牙齿

"追踪球的最新指令是去寻找杨氏鱼，大家在附近仔细找找，它和箐门齿鱼生活在同一个时代。"馆长爸爸说道。话音刚落，一条偶鳍圆滚滚、肉乎乎的小鱼出现在鲛珠号前。

这座蜡质模型在中国古动物馆一层展厅里展览，我去看过。

我也看过。杨氏鱼的头只有2厘米长，模型却那么大！

现在仍活着的肉鳍鱼

现存的肉鳍鱼共有8种，其中空棘鱼有2种，全生活在海里；肺鱼有6种，都生活在淡水中。肺鱼能在岸上呼吸，比拉蒂迈鱼更接近人。杨氏鱼被认为属于原始的肺鱼形类动物。

张弥曼院士的故事

张弥曼院士是世界上第一位准确断定杨氏鱼没有内鼻孔的人。当时还没有CT技术，为了研究杨氏鱼，张弥曼院士连续用500多张不到1毫米厚的蜡模，制作出了杨氏鱼头骨的20倍放大模型。这个过程非常辛苦，张弥曼院士用了将近2年的时间才完成对杨氏鱼的研究。她的研究成果推翻了总鳍鱼是四足动物祖先的结论。

肺鱼形类

现代肺鱼的主要特征是牙齿特化为扇形齿板；除了鱼鳃之外，还有能够呼吸的肺状器官。杨氏鱼虽然与肺鱼演化关系密切，但它没有肺鱼的典型特征，属于肺鱼形类。

杨氏鱼

学术界曾经认为总鳍鱼类是四足动物的祖先，杨氏鱼没有内鼻孔的发现动摇了这个说法，因此它也被称作"改写教科书的古鱼"。

杨氏鱼没有内鼻孔，它是一种原始的肺鱼形类动物，在进化史上的位置接近四足动物的起源点。

关于它的成果，大多是由获得世界杰出女科学家奖的**张弥曼**院士研究得出的，你们知道她的故事吗？

登上陆地

提克塔利克鱼是最早从水中爬上陆地的动物之一。

四足形类

在约 3.7 亿年前，尝试爬向陆地的肉鳍鱼类演化为四足形类。包括人类在内的所有的陆地脊椎动物（四足动物）的最近共同祖先都可以追溯到它们。

从海洋到陆地

四足动物特征

肢体

半鱼鳍半肢体

扁平的头部和鳄鱼很像

颈

演化出肋骨

四肢

鳍

鳍

原始的颌

鳞

鱼类特征

告别了杨氏鱼，可儿看到了追踪球发出的新指令，在泥盆纪晚期可以找到提克塔利克鱼。"这是神奇果实给的最后一个古鱼信息了，大家做好准备。出发！"馆长爸爸发出了指令。

馆长爸爸带着陶旦、王可儿、俞果走出了鲛珠号，看到提克塔利克鱼正从水里向岸上爬，扁平的身体足有 1 米多长，4 个鱼鳍看起来更像爬行动物的腿了。

提克塔利克，这个名字好奇怪。

五朵和呼噜噜还不舍得离开鲛珠号，趴在里面仔细观察着提克塔利克鱼。"队员们！我现在调整好方向，咱们要返回神奇岛，潜水艇还在那里等我们返航呢！"馆长爸爸大声喊道。"好！穿好装备出发！"全体队员齐声说道。

提克塔利克鱼

可以说这种鱼是世界上所有陆地四足动物的祖先吗？

最后一个啦，呼噜噜马上就能变回来了。

它们看着有点像鳄鱼，是不是？

你们看，它用胸鳍支撑着头和身子离开了地面！

提克塔利克鱼既有鱼的特征，也有四足动物的特征，是鱼和陆地四足动物演化之间重要的过渡环节。提克塔利克鱼的化石最早是在北极地区发现的。

小达尔文科学探险队的队员在馆长爸爸的带领下顺利地返回了神奇岛，向导叔叔高兴地欢迎大家的归来。这时，一条拉蒂迈鱼跃出海面，又迅速钻入海里，一眨眼就不见了。只听一声猫叫，呼噜噜兴奋地窜到可儿怀中，毛茸茸的尾巴上还滴着水珠。呼噜噜变回了猫身，魔咒被打破了！

呼噜噜，太棒啦！
见到毛茸茸的你真好！

我得赶紧回去把看到的一切记下来！

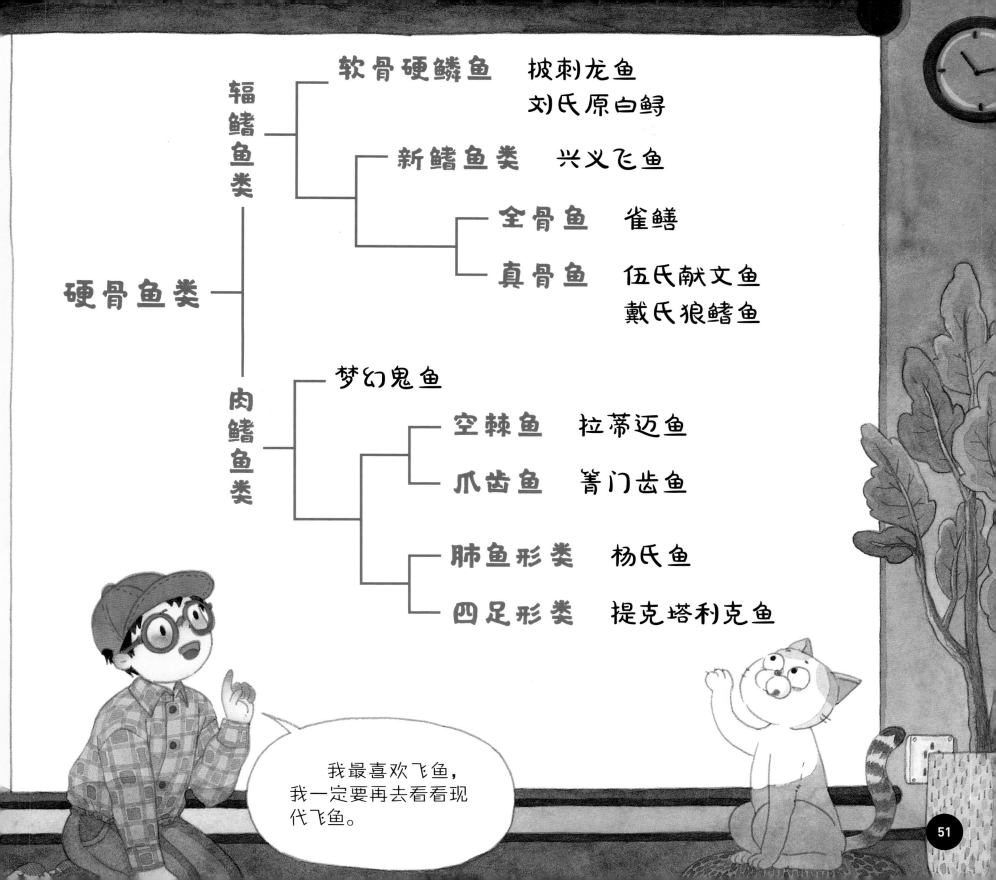

硬骨鱼类
├─ 辐鳍鱼类
│   ├─ 软骨硬鳞鱼　披刺龙鱼
│   │　　　　　　　刘氏原白鲟
│   └─ 新鳍鱼类　兴义飞鱼
│   ├─ 全骨鱼　雀鳝
│   └─ 真骨鱼　伍氏献文鱼
│   　　　　　　戴氏狼鳍鱼
└─ 肉鳍鱼类
    ├─ 梦幻鬼鱼
    ├─ 空棘鱼　拉蒂迈鱼
    ├─ 爪齿鱼　箐门齿鱼
    ├─ 肺鱼形类　杨氏鱼
    └─ 四足形类　提克塔利克鱼

我最喜欢飞鱼，我一定要再去看看现代飞鱼。

化石的形成

化石对研究生物的演化有非常重要的作用。那么化石是怎么形成的呢？我们一起来看看吧。

动物死亡

1. 在大约 2.5 亿年前，中生代一个炎热的下午，一只疲惫的恐龙最终倒在了小河边。它被一只凶猛的中国龙袭击，浑身伤痕累累，好容易逃到这里，却仍然没有逃过死亡的命运。

中生代是个地质变动剧烈的时期，很快，这只恐龙的尸体就被掩埋到了地下。

变成化石

2. 深埋地下的恐龙尸体逃过了风沙的侵蚀。随着时间的流逝，掩埋恐龙尸体的沉积物变成了岩石，恐龙的血肉已经分解，它的骨骼和牙齿这些坚硬的部分则慢慢变成了化石。

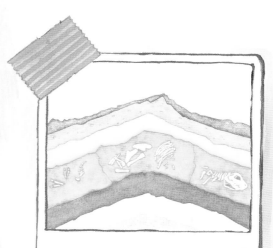

化石随地壳运动

3. 沧海桑田，地球上的湖泊隆起成了高原，已经变成化石的恐龙也随着地壳的运动慢慢向地面升去。

挖掘化石

4. 风沙剥蚀了一层又一层的地面，终于，这只恐龙的骨骼化石慢慢地露出了地面。露出地面的奇怪石头吸引了人们的注意，有研究员发现了这些珍贵的化石。他们组织人员，小心翼翼地把它们从地下挖掘出来。经历了漫长的暗无天日的时光，完整的恐龙化石终于呈现在人们的眼前，向人们讲述着 2.5 亿年前发生的故事。

印痕化石

印痕化石是生物遗体被完全掩埋前在沉积物中留下的印迹。由于掩埋时遗体已经消失，岩层中不会留下除印痕外的其他痕迹。

特殊的化石：琥珀包埋的昆虫化石

被包裹在琥珀里的化石一般都较小，保存得相对完好。琥珀包埋的化石在包裹后也需要有掩埋的过程，留在地表的琥珀会被风化。

遗迹化石

遗迹化石包括古生物生前活动所留下的石化了的足印、爬迹、粪便、分泌物等。

特殊的化石：冰冻的猛犸象化石

被冰雪冻住、掩埋的生物身体内的水分结成了冰晶，抑制了尸体的腐败。用这种方式保存下来的化石主要是猛犸象化石。

小朋友，你知道吗？生命的演化经历了漫长的时光，诞生了无数神奇的生物。你能认出生命树上都有哪些生物和它们留下的痕迹吗？

12 种鱼类

14. 计氏云南鱼；
17. 廖角山多鳃鱼；
29. 先驱杨氏鱼；
36. 坎贝尔肯氏鱼；
43. 罗氏斑鳞鱼；
57. 胜利双棱鲱；
69. 伍氏献文鱼；
72. 梦幻鬼鱼；
78. 兴义飞鱼；
83. 长吻麒麟鱼；
84. 中华金龙鱼；
85. 西藏始攀鲈；

4 种两栖类

32. 六道湾乌鲁木齐鲵；
51. 潘氏中国螈；
75. 奇异热河螈；
79. 赵氏辽蟾；

36 种爬行类

2. 赫氏水龙兽；
3. 云南卞氏兽；
4. 许氏禄丰龙；
5. 辚鼻青岛龙；
7. 山西山西鳄；
9. 胡氏贵州龙；
11. 戈壁原巴克龙；
12. 魏氏准噶尔翼龙；
13. 短吻西域肯氏兽；
26. 太白华阳龙；
27. 江氏单嵴龙；
28. 孙氏伊克昭龙；
31. 粗皮巨形蛋；
33. 中加马门溪龙；
34. 董氏中华盗龙；
38. 奇异奇美拉鳄；
41. 玉门中华猎兽；
45. 周氏黔鱼龙；
46. 千禧中国鸟龙；
47. 黄果树安顺龙；
49. 新铺中国豆齿龙；
52. 宁城热河翼龙；
53. 五彩冠龙；
56. 东方恐头龙；
59. 顾氏小盗龙；
61. 寐龙；
65. 当氏隐龙；
68. 胡氏耀龙；
70. 隐居森林翼龙；
71. 半甲齿龟；
73. 李氏悟空翼龙；
74. 单指临河爪龙；
81. 阿凡达伊卡兰翼龙；
86. 天山哈密翼龙；
87. 诺氏马鬃龙；
90. 长臂浑元龙；

7 种鸟类

35. 燕都华夏鸟；
39. 圣贤孔子鸟；
50. 马氏燕鸟；
54. 原始热河鸟；
55. 朝阳会鸟；
62. 辽宁白垩纪早期鸟类胚胎；
89. 施氏慈母鸟；

16 种哺乳类

16. 沙拉木伦始巨犀；
19. 黑果蓬摩根齿兽；
20. 师氏剑齿象；
21. 南雄阶齿兽；
22. 安徽模鼠兔；
25. 东方雷贫齿兽；
30. 蒙古鼻雷兽；
37. 中华曙猿；
42. 五尖张和兽；
48. 步氏和政羊；
60. 亚洲德氏猴；
63. 强壮爬兽；
64. 远古翔兽；
66. 大熊猫小种；
76. 西藏披毛犀；
80. 阿喀琉斯基猴；

9 种人类

1. 北京直立人；
8. 步氏巨猿；
10. 马坝古老型智人；
15. 蓝田直立人；
23. 禄丰古猿禄丰种；
24. 大荔古老型智人；
58. 田园洞早期现代人；
67. 崇左早期现代人；
82. 道县早期现代人
　　（牙齿化石）；

6 种石器与装饰物

6. 丁村三棱大尖状器；
18. 虎头梁细石叶；
40. 东方广场雕刻器；
44. 人字洞单边直刃刮削器；
77. 水洞沟鸵鸟蛋片装饰品；
88. 尼阿底棱柱状石叶石核。

起点

① ② ③ ④ ⑤ ⑪ ⑫ ⑬ ⑭

飞行棋

⑥ ⑦ ⑧ ⑨ ⑩ ⑮ ⑯ ⑰

终点

本书参考了以下资料：

*《听化石的故事》，王原、葛旭、刑路达等著

*《证据：90 载化石传奇》，王原、吴飞翔、金海月等著

*《无颌类演化史与中国化石记录》，盖志琨、朱敏著

你认出飞行棋中出现的生物了吗？

① 刘氏原白鲟

② 三尾类蜉蝣

③ 梦幻鬼鱼

④ 曙鱼

⑤ 初始全颌鱼

⑥ 杨氏鱼

⑦ 雀鳝

⑧ 兴义飞鱼

⑨ 拉蒂迈鱼

⑩ 鲎

⑪ 披刺龙鱼

⑫ 戴氏狼鳍鱼

⑬ 孟氏中生鳗

⑭ 东方叶肢介

⑮ 邓氏鱼

⑯ 提克塔利克鱼

⑰ 海口鱼